Zugbrücke außer Betrieb

Drawbridge Up

Hans Magnus Enzensberger

Zugbrücke außer Betrieb

Die Mathematik im Jenseits der Kultur
Eine Außenansicht

Illustrationen von Karl Heinrich Hofmann

Hans Magnus Enzensberger

Drawbridge Up
Mathematics — A Cultural Anathema

Translated by Tom Artin

A K PETERS
Natick, Massachusetts

Editorial, Sales, and Customer Service Office

A K PETERS, LTD.
63 South Avenue
Natick, MA 01760

This bilingual text is based on an address delivered by the German
poet and essayist Hans Magnus Enzensberger at the occasion of the
50th International Congress of Mathematicians in Berlin, August 1998.

The publication is sponsored by the
DEUTSCHE MATHEMATIKER VEREINIGUNG
and the
AMERICAN MATHEMATICAL SOCIETY.

Illustrated by Karl Heinrich Hofmann

The photographs on p. 24 and p. 29 are reproduced by permission
from *Mathematische Modelle*, Gerd Fischer, ed., Friedr. Vieweg & Sohn,
Braunschweig/Wiesbaden, 1986.

Back cover illustration: Georg Ludewig Spohr, Pastor zu
Woltershausen. *Anweisungen zur Differential- und Integralrechnung, für
Anfänger*. In der Gräffschen Buchhandlung, Leipzig 1793.

Library of Congress Catalog Card Number: 98-53280
ISBN 1-56881-099-7

Designed by Iris Kramer-Alcorn
Printed in the United States of America
03 02 01 00 99   10 9 8 7 6 5 4 3 2 1

Preface

I am accustomed, as a professional mathematician, to living in a sort of vacuum, surrounded by people who, as in the first paragraph of Enzensberger's essay, declare with an odd sort of pride that they are mathematically illiterate. How astonishing to come to the International Congress and find a distinguished poet and essayist who analyzes this problem with such a deep understanding and sensitivity. This is a beautiful essay and a great delight for a mathematician to read. Here the strange contradictions with which we live are laid bare with the accuracy of a high-resolution microscope. He is onto us and how, on the one hand, we take pride in building an elegant world utterly divorced from the demands of reality and, on the other, claim that our ideas underlie virtually all technological developments of significance. I was particularly pleased to find that he believes progress in teaching mathematics is possible, that it can be made exciting to young minds. I tried (unsuccessfully) to get each high school in which my children were enrolled to go outside during geometry and find out how tall the oak in the yard really is. Instead they buckled under to the educational establishment and even removed that staple of my generation: the odd formulaic Euclidean-style proof in which the pedigree of each step was detailed. This old game, the one piece of high school mathematics often mentioned warmly by people who otherwise hated math, had been found wanting by the mathematical puritans described in the Stewart quote,

where the mathematician is unwilling to "lie a bit, like everyone else does." I hope the right people read this essay, the movers and shakers of school curricula, and that it moves them to let a hundred flowers bloom in the classroom.

DAVID MUMFORD
President, International Mathematical Union

Es sind immer die gleichen Töne: „Hören Sie auf! Mit Mathematik können Sie mich jagen." — „Eine Qual, schon in der Schule. Keine Ahnung, wie ich damals durchs Abitur gekommen bin." — „Ein Albtraum! Völlig unbegabt, wie ich nun mal bin." — „Die Mehrwertsteuer kriege ich gerade noch hin, mit dem Taschenrechner. Alles andere ist mir zu hoch." — „Mathematische Formeln — das ist Gift für mich, da schalte ich einfach ab."

Solche Beteuerungen hört man alle Tage. Durchaus intelligente, gebildete Leute bringen sie routiniert vor, mit einer sonderbaren Mischung aus Trotz und Stolz. Sie erwarten verständnisvolle Zuhörer, und an denen fehlt es nicht. Ein allgemeiner Konsens hat sich herausgebildet, der stillschweigend, aber massiv die Haltung zur Mathematik bestimmt. Daß ihr Ausschluß aus der Sphäre der Kultur einer Art von intellektueller Kastration gleichkommt, scheint niemanden zu stören. Wer diesen Zustand bedauerlich findet, wer etwas vom Charme und von der Bedeutung, von der Reichweite und von der Schönheit der Mathematik murmelt, wird als Experte bestaunt; wenn er sich als Amateur zu erkennen gibt, gilt er im besten Fall als Sonderling, der sich mit einem ausgefallenen Hobby beschäftigt, so als züchte er Schildkröten oder sammle viktorianische Briefbeschwerer.

Wesentlich seltener trifft man Leute, die mit ähnlicher Emphase behaupten, es bereite ihnen schon der Gedanke, einen Roman zu lesen, ein Bild zu betrachten oder ins Kino zu gehen, unüberwindliche Qualen; seit

It's the same old refrain: "Stop, for heaven's sake! I hate math." "Pure torture from the start of school. It's a total mystery how I ever managed to graduate." "A nightmare for me — I have no talent for it, period!" "I can just about figure the tax with a pocket calculator. Beyond that, it's all over my head." "Mathematical formulas are pure poison. They just turn me off."

Complaints such as these are heard all the time. Thoroughly sensible, educated people express them routinely, with a remarkable blend of defiance and pride. They assume their listeners' sympathy, of which there is no dearth. A consensus has evolved that tacitly but forcefully determines the public's attitude toward mathematics. That its exclusion from the cultural sphere amounts to a kind of intellectual castration seems troubling to no one. Anyone who bemoans this situation, who utters so much as a word about the charm, the significance, the far-reaching influence, or the beauty of mathematics, is marveled at as an expert. If he admits he's just an amateur, he will in the best case be written off as an eccentric, who occupies his time with an exotic hobby — rather as though he were to breed turtles, or collect Victorian paper-weights.

Raising racing tortoises!

dem Abitur hätten sie jede Berührung mit den Künsten, gleich welcher Art, peinlich vermieden; an frühere Erfahrungen mit der Literatur oder der Malerei möchten sie lieber nicht erinnert werden. Und so gut wie nie hört man Bannflüche auf die Musik. Gewiß gibt es Leute, die, möglicherweise nicht zu Unrecht, behaupten, sie seien unmusikalisch. Der eine singt eher laut und falsch, der andere spielt kein Instrument, und die wenigsten Zuhörer eilen mit der Partitur unterm Arm ins Konzert. Aber wer würde im Ernst behaupten, er kenne keine Lieder? Gleichgültig ob es sich um die Spice Girls oder die Nationalhymne, um Techno oder den Gregorianischen Choral handelt, niemand ist der Musik gegenüber gänzlich immun. Und das aus gutem Grund. Die Fähigkeit, Musik zu machen und zu hören, ist genetisch verankert; sie gehört zu den anthropologischen Universalien. Das bedeutet natürlich nicht, daß wir alle gleichermaßen musikalisch begabt wären. Wie alle anderen Gaben und Eigenschaften folgt auch dieser Aspekt unserer Ausstattung der Gaußschen Normalverteilung. Ebenso selten wie extreme Hochbegabungen finden sich in jeder x-beliebigen Population

10

How rarely, on the other hand, do we encounter a person who asserts vehemently that the mere thought of reading a novel, or looking at a picture, or seeing a movie causes him insufferable torment; that since graduating from high school he has scrupulously avoided all contact with the arts in whatever form; that he would rather not recall past experiences of literature or painting. It's virtually unheard of for music to be broadly anathematized. To be sure, there are some who — not unrealistically, perhaps — proclaim themselves unmusical. One person may tend to sing harshly and off pitch, another may be incapable of playing an instrument, and certainly only the exceptional music lover rushes to a concert with the score tucked under his arm. But who would seriously contend that he didn't know a single song? Be it the Spice Girls or the National Anthem, Techno or Gregorian chant, no one is entirely immune to music. And for good reason. The ability to produce and hear music is genetically based — it is one of the anthropological universals. This does not mean, of course, that we are all equally musically talented. Like all other gifts and characteristics, this aspect of our genetic equipment conforms to the normal Gaussian distribution. It is just as rare in any given population to find extraordinarily musically talented people as to find people who are musically totally deaf — the statistical maximum appears mid-field.

Exactly the same relation, of course, is true of mathematical abilities. They too are established genetically in the human brain, and they too distribute themselves in

Menschen, die musikalisch vollkommen taub sind; das statistische Maximum wird im Mittelfeld erreicht.

Ganz genau so verhält es sich selbstverständlich mit den mathematischen Fähigkeiten. Auch sie sind im menschlichen Gehirn genetisch angelegt, und auch sie verteilen sich in jeder Bevölkerung exakt nach dem Modell der Glockenkurve. Es ist folglich eine abergläubische Vorstellung, das mathematische Denken sei eine rare Ausnahmeerscheinung, eine exotische Laune der Natur.

Wir stehen vor einem Rätsel. Woher kommt es, daß die Mathematik in unserer Zivilisation so etwas wie ein blinder Fleck geblieben ist, ein exterritoriales Gebiet, in dem sich nur wenige Eingeweihte verschanzt haben?

EINE GEWISSE ISOLATION

Wer sich die Antwort leichtmachen will, wird sagen, daran seien die Mathematiker selber schuld. Diese Erklärung hat den Vorzug der Schlichtheit. Außerdem bestätigt sie ein Klischeebild, das sich die Außenwelt seit je von den professionellen Vertretern der Disziplin gemacht hat. Man stellt sich unter einem Mathematiker einen profanen Hohepriester vor, der eifersüchtig seinen speziellen Gral hütet. Den gewöhnlichen Dingen dieser Welt wendet er den Rücken zu. Ausschließlich mit seinen unverständlichen Problemen beschäftigt, fällt ihm die Kommunikation mit der Außenwelt schwer. Er lebt zurückgezogen, faßt die Freuden und Leiden der meschlichen Gesellschaft als lästige Störungen auf und

all populations exactly along the model of the bell curve. It is thus an illusion born of superstition that mathematical thinking is a rare, exceptional occurence, an infrequent whim of nature.

So we confront a mystery. How does it happen that mathematics has remained as it were a blind spot in our culture — alien territory, in which only the elite, the initiate few have managed to entrench themselves?

A CERTAIN ISOLATION

It would be easy to say that mathematicians themselves are to blame. This explanation does have the advantage of simplicity. It confirms as well the stereotype the world at large has long held of the professional practitioners of the discipline. The mathematician is imagined as a secular high priest, jealously guarding his esoteric grail. On the mundane things of this world, he turns his back. Occupied exclusively with his mystifying problems, communication with the outside world is difficult for him. He lives a life withdrawn, deprecates the joys and sorrows of human society as burdensome interruptions, and positively indulges in a solitude verging on misanthropy. With his logical pedantry, he for his part grates on the nerves of his contemporaries. Above all, though, he inclines toward a form of arrogance that is hard to take. Intelligent though he may be — no one disputes his sheer brainpower — he views the helpless struggles of others to grasp this or that concept with demeaning condescension. For this reason, it would

frönt überhaupt einer Eigenbrötlerei, die an Misanthropie grenzt. Mit seiner logischen Pedanterie geht er seinerseits der Mitwelt auf die Nerven. Vor allem aber neigt er zu einer schwer erträglichen Form von Hochmut. Intelligent, wie er nun einmal ist — niemand macht ihm diesen Titel streitig —, betrachtet er die hilflosen Versuche der andern, den einen oder andern Gedanken zu fassen, mit geringschätziger Herablassung. Deshalb würde es ihm niemals einfallen, für seine Sache zu werben.

So weit die Karikatur, die allerdings oft genug für bare Münze genommen wird. Das ist natürlich Unsinn. Abgesehen von ihrer Tätigkeit, unterscheiden sich Mathematiker vermutlich wenig von anderen Leuten, und ich kenne Männer und Frauen vom Fach, die lebenslustig, weltgewandt, witzig und zuweilen sogar unvernünftig sind. Dennoch steckt im Klischee wie gewöhnlich ein wahrer Kern. Jeder Beruf hat seine eigenen Risiken, seine spezifischen Pathologien, seine *déformation professionelle*. Bergleute leiden unter ihrer Staublunge, Schriftsteller an narzißtischen Störungen, Regisseure an Größenwahn. Alle diese Defekte lassen sich auf die Produktionsbedingungen zurückführen, unter denen die Patienten arbeiten.

Was die Mathematiker betrifft, so verlangt ihre Tätigkeit vor allem extreme und lang andauernde Konzentration. Es sind sehr dicke und sehr harte Bretter, die sie zu bohren haben. Kein Wunder, daß dabei jede von außen kommende Irritation als Zumutung empfunden wird. Zum andern verhält es sich so, daß die Zeit

never occur to him to try to woo the public over to his cause.

So much for the caricature, which is certainly often enough taken for gospel. It's nonsense, of course. Apart from their profession, mathematicians differ little from other people; I know men and women in the field who are joyful, urbane, witty, and occasionally even foolish. Nonetheless, just a kernel of truth does, as usual, reside within the cliché. Every profession has its own hazards, its own particular pathologies, its *déformation professionelle*. Miners suffer from black-lung, writers, from narcissistic neuroses, directors, from delusions of grandeur. All these defects can be traced back to the working conditions under which the patients function.

In the case of mathematicians, their occupation demands above all intense and sustained concentration. The lumber they are given to drill through, so to speak, is peculiarly hard and extremely thick. No wonder, under such circumstances, that every external annoyance is experienced as an unreasonable demand. Second, the fact is that the era of the universal mathematician with the stamp of an Euler or a Gauss is now long past. No one today commands a grasp of all the areas of his discipline. This means in turn that the circle of fellow research professionals whom one is able to address has shrunk materially. Work that is truly original is initially comprehensible only to a handful of colleagues — it gets circulated via E-mail among a dozen readers between Princeton, Bonn, and Tokyo. This exclusivity does occasion a certain isolation. Researchers such as these have

der Universal-Mathematiker vom Schlage eines Euler oder eines Gauß schon seit langem abgelaufen ist. Niemand überblickt heute mehr alle Gebiete seiner Wissenschaft. Das bedeutet aber auch, daß in der Forschung der Kreis der möglichen Adressaten schrumpft. Arbeiten, die wirklich originell sind, werden zunächst nur von wenigen Fachkollegen verstanden; sie zirkulieren per E-Mail unter einem Dutzend Lesern zwischen Princeton, Bonn und Tokio. Das hat in der Tat eine gewisse Isolation zur Folge. Den Versuch, sich Außenseitern verständlich zu machen, haben solche Forscher längst aufgegeben, und es mag wohl sein, daß diese Haltung auch auf andere, weniger fortgeschrittene Arbeiter im Weinberg der Mathematik abfärbt.

Bezeichnend dafür ist eine Redensart, die bereits das Erstsemester in jeder beliebigen Vorlesung über Funktionentheorie oder Vektorräume zu hören bekommt. Diese Ableitung oder jene Zuordnung, heißt es da, sei „trivial", und damit basta. Jede weitere Erklärung erübrigt sich; sie wäre sozusagen unter der Würde des Mathematikers. Nun ist es in der Tat mühselig und langweilig, jedes einzelne Glied einer Beweiskette jedesmal von neuem aufzudröseln. Deshalb sind Mathematiker darauf trainiert, wiederkehrende Zwischenschritte zu übergehen, das heißt, ihre tausendfach erprobte Gültigkeit einfach vorauszusetzen. Das ist zweifellos ökonomisch. Doch beeinflußt es das kommunikative Verhalten in einer ganz bestimmten Richtung. Als gesprächsfähig kann unter Fachleuten nur der gelten, für den das Triviale trivial ist, sich also von selbst versteht. Alle, auf

long since given up the effort to make themselves understood by outsiders, and it may well be that this aloof posture is adopted not so legitimately by other, less highly advanced laborers in the vineyard of mathematics.

Typifying this attitude is a phrase heard routinely starting with the first semester of any course in beginning calculus or linear algebra. This derivation or that correspondence is said to be "trivial," and is left at that. Further elucidation, being superfluous, would be, as it were, beneath the dignity of the mathematician. Of course, it is in truth both tedious and boring to spin out afresh each step in the chain of a proof over and over again. Thus, mathematicians are trained to leap-frog over recurring intermediate steps — that is, simply to assume a validity that has already been proven thousands of times. There is doubtless an economy to such methodology. It does, however, affect communicative behaviour in a very particular way. Only those few for whom the trivial really is trivial — that is, self-evident — gain admission to the discussion with the experts. The rest of us — more or less 99 percent of humanity — are in this regard hopeless cases, with whom it is simply pointless to engage in conversation.

To make matters worse, mathematicians don't just — like other scientists — employ a specialized professional jargon; they also use a notation, quite different from ordinary writing, that is indispensible to their intercommunication. (Here too, one may evoke an analogy with music, which likewise has evolved its own special-

die das nicht zutrifft, also mindestens 99 Prozent der Menschheit, sind in diesem Sinn hoffnungslose Fälle, mit denen sich zu unterhalten einfach nicht lohnt.

Dazu kommt, daß die Mathematiker nicht nur wie andere Wissenschaftler über eine eigentümliche Fachsprache, sondern auch über eine Notation verfügen, die sich von der gewohnten Schrift unterscheidet und die für ihre Binnenkommunikation unentbehrlich ist. (Auch hier kann man von einer Analogie zur Musik sprechen, die ebenfalls ihren eigenen Code ausgebildet hat.) Nun geraten aber die meisten Menschen, kaum daß sie einer Formel ansichtig werden, in Panik. Schwer zu sagen, woher dieser Fluchtreflex rührt, der wiederum den Mathematikern unbegreiflich ist. Sie sind nämlich der Ansicht, daß ihre Notation wunderbar deutlich und jeder natürlichen Sprache weit überlegen ist. Deshalb sehen sie gar nicht ein, weshalb sie sich die Mühe machen sollten, ihre Ideen ins Deutsche oder ins Englische zu übersetzen. Ein solcher Versuch käme in ihren Augen einer schrecklichen Verballhornung gleich.

Somit wären also die Mathematiker an der insulären Lage ihrer Wissenschaft selber schuld? Sie selber hätten der Gesellschaft den Rücken zugewandt und die Zugbrücke zu ihrer Disziplin mutwillig hochgezogen? So leicht kann sich die Antwort nur machen, wer das Problem und seine Tragweite unterschätzt. Es

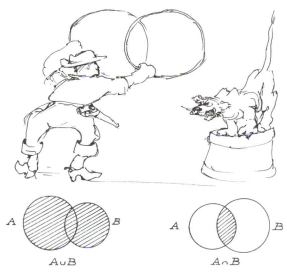

$A \cup B$ $A \cap B$

ized notation.) Now, most people go into a panic at the mere sight of a formula. It's difficult to determine the source of this flight-reflex, which is in its turn quite incomprehensible to the mathematician. He is of the opinion that his notation is beautifully clear and far superior to any merely verbal language. Thus, he cannot fathom why on earth he should bother to translate his ideas into German or English. Such an effort seems to him a terrible distortion.

So are the mathematicians themselves to blame for the insularity of their science? Have they themselves turned their backs on society, and willfully raised the drawbridge to the island of their discipline? To settle on so simplistic an answer is to underestimate the scope and importance of the problem. It is simply implausible to lay the blame on a handful of experts, while the over-

ist einfach nicht plausibel, den Schwarzen Peter einer Minderheit von Experten zuzuschieben, solange eine überwältigende Mehrheit aus freien Stücken darauf verzichtet, sich ein kulturelles Kapital von immenser Bedeutung und von größtem Reiz anzueignen.

ZWISCHEN NUTZEN UND ELEGANZ

Bekanntlich ist die Ignoranz eine Himmelsmacht von unbesiegbarer Stärke. Die meisten Menschen sind vermutlich überzeugt davon, daß es sich ganz gut ohne mathematische Kenntnisse leben läßt und daß diese Wissenschaft unwichtig genug ist, um sie den Wissenschaftlern zu überlassen. Viele hegen sogar den Verdacht, daß es sich dabei um eine brotlose Kunst handelt, deren Nutzen keineswegs auf der Hand liegt. In diesem Irrtum dürfen sie sich bestärkt fühlen durch die Ansichten mancher Mathematiker, die mit starken Worten die Reinheit ihres Schaffens verteidigen. So der eminente englische Zahlentheoretiker Godfrey Harold Hardy, der das folgende berühmte Bekenntnis abgelegt hat: „Ich habe nie etwas gemacht, was ‚nützlich' gewesen wäre. Für das Wohlbefinden der Welt hatte keine meiner Entdeckungen — ob im Guten oder Schlechten — je die geringste Bedeutung, und daran wird sich auch vermutlich nichts ändern. Ich habe mitgeholfen, andere Mathematiker auszubilden, aber Mathematiker von derselben Art, wie ich einer bin, und ihre Arbeit war, zumindest soweit ich sie dabei unterstützt habe, so nutzlos wie meine eigene. Nach allen praktischen Maßstäben

whelming majority of mankind happily renounces the acquisition of a cultural capital of immense significance and enormous charm.

BETWEEN UTILITY AND ELEGANCE

We know that ignorance is a cosmic force of truly insuperable power. Most people seem to be convinced that one can get along quite nicely without any mathematical knowledge at all, and that this science is inconsequential enough to be left to the scientists. Many even harbor the suspicion that we are dealing here with an unprofitable occupation, whose usefulness is far from obvious. They feel corroborated in this error by the views of many mathematicians, who defend the purity of their endeavours in no uncertain terms. Thus, the eminent English number theorist Godfrey Harold Hardy made the following notorious declaration: "I have never done anything 'useful.' No discovery of mine has made, or is likely to make, directly or indirectly, for good or ill, the least difference to the amenity of the world. I have helped to train other mathematicians, but mathematicians of the same kind as myself, and their work has been, so far at any rate as I have helped them to it, as useless as my own. Judged by all practical standards, the value of my mathematical life is nil; and outside mathematics it is trivial anyhow." There it is again, that ominous word *trivial*, with which the author brands everything he disdains. "I have just one chance," Hardy went on, "of escaping a verdict of complete triviality, that I may be

ist der Wert meines mathematischen Lebens gleich Null, und außerhalb der Mathematik ist es ohnehin trivial." — Da ist es wieder, das ominöse Wort trivial, mit dem alles gebrandmarkt wird, was der Autor verachtet. - „Ich habe nur eine Chance", fährt Hardy fort, „dem Verdikt vollkommener Trivialität zu entgehen, und zwar dadurch, daß man mir zugesteht, etwas geschaffen zu haben, was sich zu schaffen lohnte. Daß ich etwas geschaffen habe, ist nicht zu bestreiten; die Frage ist nur, ob es etwas wert ist." (A Mathematician's Apology, Cambridge 1967.)

Wunderbar gesagt! Eine Bescheidenheit, die von aristokratischem Hochmut kaum zu unterscheiden ist. Nichts liegt einem Mathematiker wie Hardy ferner, als um die Anerkennung seiner Mitmenschen zu buhlen und sich auf den praktischen Nutzen seiner Arbeit zu berufen. Damit hat er recht und unrecht zugleich. Seine Haltung kommt der eines Künstlers nahe. Unter rein betriebswirtschaftlichen Gesichtspunkten hätten es nicht nur Ovid und Bach schwer gehabt, sondern auch Pythagoras und Cantor. Ihre Arbeit würde kaum jene fünfzehn Prozent sofortiger Rendite abgeworfen haben, die heute unter dem Banner des *shareholder value* als Richtmaß gelten. Freilich wären die allermeisten menschlichen Tätigkeiten unter diesem Gesichtspunkt hinfällig. (Nebenbei bemerkt, gehört die mathematische Forschung zu den preiswertesten Kulturleistungen. Während der neue Teilchenbeschleuniger des Genfer CERN auf vier bis fünf Milliarden veranschlagt wird, nimmt das Max-Planck-Institut für reine Mathematik in Bonn, ein Forschungszentrum von Weltruf, nur 0,3

judged to have created something worth creating. And that I have created something is undeniable: the question is about its value." (*A Mathematician's Apology*, Cambridge, 1967).

Wonderfully put! — with a sort of modesty scarcely distinguishable from aristocratic arrogance. Nothing is more foreign to a mathematician like Hardy than courting the approbation of his contemporaries by appealing to the practical utility of his work. In this, he is at once justified and not. His attitude approaches the artist's. Judged strictly along the criteria of industrial management, not just Ovid and Bach, but also Pythagoras and Cantor would have been found wanting. Their work would hardly have yielded that automatic 15 percent that these days goes as the standard

under the rubric *shareholder value*. To be sure, most human endeavours fall short of that benchmark. (Be it noted, incidentally, that compared economically with other cultural accomplishments, mathematics surely represents one of the best values. While the new particle accelerator of the Genevan CERN is estimated at 4 to 5 billion DM, the Max Planck Institute for Pure Mathematics in Bonn, a world reknowned research center, expends a mere 0.3 percent of the budget of the Max Planck Society. Great mathematicians like Galois and

Prozent vom Haushalt der Max-Planck-Gesellschaft in Anspruch. Große Mathematiker wie Galois oder Abel waren zeit ihres Lebens bettelarm. Billigere Genies dürften schwer zu finden sein.)

Die Autonomie, die Hardy für seine Grundlagenforschung einfordert, findet ihr Gegenstück in den Künsten, und es ist durchaus kein Zufall, daß den mei-

sten Mathematikern ästhetische Kriterien nicht fremd sind, es genügt ihnen nicht, daß ein Beweis stringent ist; ihr Ehrgeiz zielt auf „Eleganz". Darin drückt sich ein ganz bestimmter Schönheitssinn aus, der die mathematische Arbeit seit ihren frühesten Anfängen charakterisiert hat. Dies wirft natürlich von neuem die Rätselfrage auf, warum das Publikum zwar gotische Kathedralen, Mozarts Opern und Kafkas Erzählungen, nicht jedoch die Methode des unendlichen Abstiegs oder die Fourier-Analyse zu schätzen weiß.

Was aber den gesellschaftlichen Nutzen angeht, so ist es ein leichtes, Hardys Behauptungen zu widerlegen. Ein Ingenieur, der einen ganz gewöhnlichen Elektromotor zu berechnen hat, bedient sich mit der größten Selbstverständlichkeit der komplexen Zahlen. Davon konnten Wessel und Argand, Euler und Gauß nichts

Abel were dirt poor their whole lives. Genius at a cheaper price would be hard to find.)

The autonomy Hardy requires for his basic research finds its counterpart in the arts, and it is no coincidence that most mathematicians are thoroughly comfortable with aesthetic criteria — a proof needs not just to be conclusive; the mathematician aspires to "elegance." The word expresses a quite particular aesthetic sensibility that has characterized the mathematical enterprise since its earliest beginnings. Of course, this only raises once more the conundrum why the general public should value gothic cathedrals, Mozart's operas, and Kafka's stories so highly, but not the Method of Infinite Descent or Fourier analysis.

With respect to social utility, however, Hardy's assertions are easily refuted. The engineer set to designing a quite ordinary electric motor employs complex numbers as a simple matter of course. Wessel and Argand, Euler and Gauss could not have guessed anything of the kind when, around the turn of the 18th century, they created this elaboration of the number system. Without the binary number code developed by Leibnitz, today's computers would be unthinkable. Einstein could not have formulated his Relativity Theory had Riemann's work not tilled the ground for him, and without group theory, quantum mechanics, crystallography, and communications technology would all be pretty hollow endeavours. The exploration of prime numbers, a branch of number theory of truly infinite beauty, was long held to be an esoteric specialty. Over a couple of

ahnen, als sie um die Wende zum 19. Jahrhundert die theoretischen Grundlagen für diese Erweiterung des Zahlensystems schufen. Ohne den binären Zahlencode, den Leibniz entwickelt hat, wären unsere Computer undenkbar. Einstein hätte seine Relativitätstheorie ohne Riemanns Vorarbeiten nicht formulieren können, und Quantenmechaniker, Kristallographen und Nachrichtentechniker stünden ohne Gruppentheorie mit ziemlich leeren Händen da. Die Erforschung der Primzahlen, ein Zweig der Zahlentheorie von unerschöpflichem Reiz, galt von jeher als esoterische Spezialität. Ein paar Jahrtausende lang, nicht erst seit Eratosthenos und Euklid, haben sich die besten Köpfe mit diesen höchst kapriziösen Zahlen beschäftigt, ohne daß sie hätten angeben können, wozu das gut sei — bis in unserem Jahrhundert plötzlich Geheimdienstleute, Progammierer, Militärs und Banker erkannten, daß man mit Faktorzerlegungen und Falltürcodes Kriege führen und Geschäfte machen kann.

KOPF UND UNIVERSUM

Die unvermutete Brauchbarkeit mathematischer Modelle hat etwas Verblüffendes. Es ist keineswegs klar, warum höchst präzise Hirngespinste, die fern von aller Empirie, gewissermaßen als *l'art pour l'art*, erdacht worden sind, derart geeignet sind, die reale Welt, so wie sie uns gegeben ist, zu erklären und zu manipulieren. Mehr als einer hat sich über „the unreasonable effectiveness of mathematics" gewundert. Für gläubigere Zeiten war

Eratosthenes and computing and measuring the circumference of the earth with 98

milennia, from before the time of Eratosthenes and Euclid, the best brains had been occupied with these highly capricious numbers, without ever being able to say what they might be good for — until suddenly in our century secret service people, computer programmers, military men, and bankers all recognized that with factorization and trapdoor codes they can carry on business and wage wars.

THE BRAIN AND THE COSMOS

The unforeseen utility of mathematical models is somewhat puzzling. It is by no means clear why highly precise mental productions, devised entirely in isolation from empirical reality — somewhat akin to *l'art pour l'art* — should be so capable of explaining and manipulating the real world around us. Many have marveled at "the unreasonable effectiveness of mathematics." In eras more grounded in faith, the idea of such pre-established

diese prästabilierte Harmonie kein Problem; Leibniz konnte noch in aller Ruhe behaupten, mit Hilfe der Mathematik könnten wir „einen erfreulichen Einblick in die göttlichen Ideen gewinnen", einfach deshalb, weil der Allmächtige persönlich der erste Mathematiker war. Heute tun sich die Philosophen damit erheblich schwerer. Der alte Streit zwischen Platonikern, Formalisten und Konstruktivisten scheint mit einem matten Unentschieden zu versanden. Die Mathematiker kümmern sich in ihrer Praxis kaum um solche Fragen. Eine naheliegende Erklärung, die sich allerdings bei den Hütern der Tradition keiner großen Beliebtheit erfreut, könnte man darin sehen, daß es ein und dieselben Evolutionsprozesse sind, die das Universum und unser Gehirn hervorgebracht haben, so daß ein schwaches anthropisches Prinzip dafür sorgt, daß wir dieselben Spielregeln in der physischen Realität und in unserem Denken wiederfinden.

Konrad Knopp konnte in seiner Tübinger Antrittsrede von 1927 triumphierend erklären, die Mathematik sei „die Grundlage aller Erkenntnis und die Trägerin aller höheren Kultur". Hoch gegriffen und pathetisch formuliert, aber nicht falsch. Nur daß der greifbare Nutzen, die technische Anwendung sich gewöhnlich erst hinterher, gewissermaßen hinter dem Rücken der mathematischen Pioniere einstellt, die wie Hardy rücksichtslos ihre eigenen Wege gehen, von denen niemand im voraus sagen kann, wohin sie führen werden. Die Vermittlungen zwischen reiner und angewandter Mathematik sind oft schwer zu durchschauen; auch das

harmony did not present a problem; Leibnitz declared confidently that, through mathematics, we "achieve a happy insight into the divine ideation," simply because the Almighty himself was the first mathematician. Philosophers nowadays have considerably greater difficulty with this question. The ancient debate among the Platonists, the Formalists and the Constructivists appears to be petering out into an exhausting stalemate. Mathematicians hardly concern themselves in their praxis with such questions. One explanation that presents itself — though not especially popular among the guardians of tradition — might be that one and the same evolutionary process has produced the universe at large and our brain, so that a weak anthropic principle determines that we observe the same operating rules in physical reality and in our own thought processes.

Konrad Knopp stated triumphantly in his inaugural address at Tübingen in 1927 that mathematics was "the basis of all knowledge and the bearer of all higher culture." Grandiosely and pompously put, but not false. It's just that the tangible utility, the technological application of mathematical research normally makes its appearance only much later, largely behind the backs of the pioneering mathematicians, who, like Hardy, recklessly go their

mag ein Grund dafür sein, daß der Stellenwert der mathematischen Forschung in den heutigen Gesellschaften phantastisch unterschätzt wird. Im übrigen dürfte es auch kein zweites Gebiet geben, auf dem der kulturelle *time lag* derart enorm ist. Das allgemeine Bewußtsein ist hinter der Forschung um Jahrhunderte zurückgeblieben, ja man kann kaltblütig feststellen, daß große Teile der Bevölkerung — abgesehen von den Wonnen des Dezimalsystems — über den Stand der griechischen Mathematik nie hinausgekommen sind. Ein

vergleichbarer Rückstand auf anderen Feldern, etwa der Medizin oder der Physik, wäre vermutlich lebensgefährlich. Auf weniger direkte Weise dürfte das auch für die Mathematik gelten; denn noch nie hat es eine Zivilisation gegeben, die bis in den Alltag hinein derart von mathematischen Methoden durchdrungen und derart von ihnen abhängig war wie die unsrige.

Das kulturelle Paradox, mit dem wir es zu tun haben, ließe sich noch weiter zuspitzen. Man kann nämlich mit gutem Grund der Ansicht sein, daß wir in einem goldenen Zeitalter der Mathematik leben. Jedenfalls sind die zeitgenössischen Leistungen auf diesem Feld sensa-

own ways that lead to destinations no one could have predicted. It is frequently difficult to perceive the connections between pure and applied mathematics; this may be another reason why the status of mathematical research is hugely undervalued in today's society. In addition, there is surely no other field in which the cultural time lag is so enormous. Popular consciousness trails research by centuries. Indeed, one can state dispassionately that great segments of the population have never progressed beyond the mathematical level of the ancient Greeks. An equivalent backwardness in other fields — medicine, say, or physics — would arguably be perilous. Less directly, this could be said of mathematics also, for never has a civilization been so infused with mathematical methodology — right down to its everyday life — and so dependent on it as ours.

The cultural paradox of which we are speaking may be becoming increasingly critical. For one might with good reason argue that we are living in a golden age of mathematics. Contemporary achievements in this field are at all events spectacular. The visual arts, literature, and the theater, too, I'm afraid, come off rather poorly by comparison.

It is beyond my competence to elaborate more precisely on such an assertion. As one of those hopeless lay persons, I can follow the arguments of the mathematicians only in their broadest outlines. Often I have to content myself with grasping merely the jist of the question. For me too, the drawbridge to their island is raised. That doesn't keep me, though, from glancing now and then at

tionell. Die bildenden Künste, die Literatur und das Theater würden bei einem Vergleich, wie ich fürchte, ziemlich schlecht abschneiden.

Eine solche Behauptung genauer zu begründen, traue ich mir nicht zu. Als hoffnungsloser Laie kann ich den Argumenten der Mathematiker nur in den allergröbsten Zügen folgen. Oft muß ich schon froh sein, wenn ich kapiere, worum es ihnen eigentlich geht. Auch für mich bleibt die Zugbrücke zu ihrer Insel hochgezogen. Das hindert mich jedoch nicht daran, den einen oder anderen Blick auf das andere Ufer zu werfen. Was ich dort erkennen kann, versetzt mich immerhin in die Lage, meine These durch ein paar Beispiele plausibel zu machen.

Wahrscheinlich haben die meisten Leute nie vom Klassenzahl-Problem gehört. Es handelt sich um eines der schwierigsten Rätsel der Zahlentheorie. 1801 von Gauß formuliert, konnte es nach langwierigen Vorarbeiten 1983 von Zagier und Gross endgültig gelöst werden. Ebensolange hat es gedauert, bis das sogenannte Klassifikationstheorem bewiesen worden ist. Dabei ging es darum, die unendliche Vielfalt der einfachen Gruppen zu ordnen, die ihren Namen völlig zu Unrecht tragen, denn sie sind verdammt komplizierter Natur. Erst hundertundachtzig Jahre nach der Begründung der Gruppentheorie haben Aschbacher und Solomon den Schlußstein gefunden. Weitere Belege kann ich mir ersparen. Die beiden Unvollständigkeitssätze Gödels, der vermutlich der genialste mathematische Logiker des Jahrhunderts war, sind bekannt genug. Auch dürfte sich

the opposite shore. And with what I can make out from here, I'll butress my argument with several examples.

Most people have probably never heard of the Class Number Problem, one of the greatest puzzles in number theory. Formulated by Gauss in 1801, it was, after protracted groundwork, definitively solved by Zagier and Gross in 1983. It took just as long to prove the so-called Classification of the Simple Groups. This entailed ordering the infinite diversity of the simple groups, whose name is a complete misnomer, since they are in reality decidely complicated entities. It was 180 years after the foundations of group theory were laid before Aschbacher and Solomon were able to unearth the keystone. I'll spare the reader further examples. Both Incompleteness Theorems of Gödel, arguably the century's most brilliant logician, are well enough known. I suppose word has also gotten around that Fermat's Last Theorem, over which three centuries have gnashed their teeth, was proved in 1995 by Andrew Wiles. I'd like to see the World Cup football match that could compete with triumphs such as these — not to speak of the Documenta exhibitions and our international theater festivals of recent years.

Nevertheless, no storm of public adulation seems poised to break forth, which brings us back to the initial question of my ruminations. And on this point, only one scapegoat remains to be singled out, namely the institution of our intellectual socialization, the school system. It is not a question merely of the excessive workload with which this institution is currently overtaxed. The failures

herumgesprochen haben, daß Fermats letzter Satz, an dem sich drei Jahrhunderte die Zähne ausgebissen haben, im Jahre 1995 von Andrew Wiles bewiesen worden ist. Die Fußballmeisterschaft möchte ich sehen, die mit solchen Triumphen konkurrieren könnte — von den documenta-Ausstellungen und Theatertreffen der letzten Jahre ganz zu schweigen.

Trotzdem bleiben die Begeisterungsstürme des Publikums aus, womit wir wieder bei der Ausgangsfrage meiner Überlegungen angelangt wären. Und an diesem Punkt bleibt nur noch ein einziger Sündenbock übrig, nämlich unsere intellektuelle Sozialisation, genauer gesagt: die Schule. Dabei geht es nicht nur um die akute Überforderung, unter der diese Institution heute leidet. Die Versäumnisse liegen tiefer und haben ältere Wurzeln. Man kann sich fragen, ob es in den ersten fünf Jahren des Curriculums überhaupt so etwas wie einen mathematischen Unterricht gibt. Was dort gelehrt wird, hat man früher völlig zu Recht als „Rechnen" bezeichnet. Auch heute noch werden die Kinder jahrelang fast ausschließlich mit öden Routinen gepeinigt, ein Verfahren, das auf die Epoche der Industrialisierung zurückgeht und inzwischen völlig veraltet ist. Bis um die Mitte des zwanzigsten Jahrhunderts verlangte der Arbeitsmarkt von der Mehrzahl der Beschäftigten nur drei rudimentäre Fertigkeiten: Lesen, Schreiben und Rechnen. Die Elementarschule war dazu da, notdürftig alphabetisierte Arbeitskräfte zu liefern. Das dürfte die Erklärung dafür sein, daß sich in der Schule ein rein instrumentelles Verhältnis zur Mathe-

34

Intellectual socialisation
KH 98

we are dealing with lie deeper and have more ancient roots. One might well ask whether the first five years of the curriculum even include such a thing as mathematical instruction. The subject taught in those years is what used justly to be designated not math, but "arithmetic." To this day, children are tormented almost exclusively, from one end of the year to the other, with mind-numbing routines, a pedagogy that goes back to the era of industrialization and is now utterly obsolete. Up until the mid-twentieth century, the labor market required of most workers just three basic skills: reading, writing, and arithmetic. Elementary school served the function of providing a minimally literate work force. This may explain why a purely functional relation to mathematics established and entrenched itself in the schools. Now, I won't dispute the usefulness of mastering the times table, or of

matik durch- und festgesetzt hat. Nun will ich nicht bestreiten, daß es sinnvoll ist, das Einmaleins zu beherrschen und zu wissen, wie man einfache Dreisatz- oder Bruchrechnungen auszuführen hat. Aber mit mathematischem Denken hat das alles nichts zu tun. Es ist so, als würde man Menschen in die Musik einführen, indem man sie jahrelang Tonleitern üben läßt. Das Resultat wäre vermutlich lebenslänglicher Haß auf diese Kunst.

KINDLICHE FASZINATION

In den höheren Schulklassen geht es meist nicht viel anders zu. Die analytische Geometrie wird vorwiegend als eine Sammlung von Rezepten behandelt, ebenso die Infinitesimalrechnung. Das hat zur Folge, daß man gute Noten erzielen kann, ohne eigentlich verstanden zu haben, was man tut. Das gute Abschneiden sei jedem Abiturienten gegönnt, um so mehr, da er auf Lehrplan und Methode nicht den geringsten Einfluß hat. Nur darf man sich nicht darüber wundern, daß ein solcher Unterricht letzten Endes den mathematischen Analphabetismus fördert. Seinen funktionellen Sinn hat er ohnehin längst verloren, weil sich die Standards des Arbeitsmarktes und der Technik in den letzten Jahrzehnten entscheidend verändert haben. Kein Sechzehnjähriger wird einsehen, warum er sich mit langweiligen Berechnungen abgeben soll, die jeder Kaufhaus-Taschenrechner rascher und besser erledigen kann.

Aber der übliche Mathematikunterricht langweilt nicht nur, er unterfordert vor allem die Intelligenz der

knowing how to carry out simple fractional arithmetic or long division. But these have nothing to do with mathematical thinking. It's as though one were to acquaint people with music by having them practice only scales year in and year out. The result would undoubtedly be a lifelong hatred of this art.

CHILDISH FASCINATIONS

In the upper grades, for the most part, the situation isn't much better. Analytic geometry is treated largely as a cookbook of formulas — integral calculus, likewise. As a result, students are able to get good marks without truly understanding what they are doing. Nonetheless, the high school graduate should be awarded his diploma, particularly since he hasn't had the least say in the curriculum or in the teaching method. However, it should come as no surprise that this kind of instruction ultimately fosters mathematical illiteracy. The curriculum's original utilitarian rationale has long since vanished, since technology and the exigencies of the workplace have been decisively transformed over the last several decades. Today's sixteen-year-old cannot fathom why he should waste his time figuring tedious sums that any pocket calculator can accomplish faster and more accurately.

Normal mathematical instruction is not merely boring, however — above all it insufficiently challenges the intelligence of students. It seems a pedagogical *idée fixe* that children are incapable of abstract thinking. That is of

Schüler. Es scheint eine fixe Idee der Pädagogik zu sein, daß Kinder nicht in der Lage sind, abstrakt zu denken. Das ist natürlich ein reiner Köhlerglauben. Eher ist das Gegenteil richtig. Der Begriff des unendlich Großen und des unendlich Kleinen beispielsweise ist jedem Neun- oder Zehnjährigen intuitiv unmittelbar zugänglich. Viele Kinder sind ausgesprochen fasziniert von der Entdeckung der Null. Was ein Grenzwert ist, kann man ihnen durchaus erklären, und der Unterschied zwischen konvergenten und divergenten Folgen leuchtet ihnen ohne weiteres ein. Viele Kinder zeigen ein spontanes Interesse an topologischen Problemen. Selbst mit elementaren Fragen der Gruppentheorie oder der Kombinatorik kann man sie amüsieren, wenn man sich ihren angeborenen Sinn für Symmetrien zunutze macht, und so weiter und so fort. Wahrscheinlich ist ihre Aufnahmefähigkeit für mathematische Ideen überhaupt größer als die der meisten Erwachsenen; diese nämlich haben den üblichen Bildungsgang bereits hinter sich gebracht. Von den Beschädigungen, die sie dabei erlitten haben, werden sie sich in den meisten Fällen nie wieder erholt haben.

Es wäre allerdings unfair, wollte man die Mathematiklehrer allein für das Desaster verantwortlich machen. Diese bedauernswerten Menschen sind nicht nur mit den Vorgaben der Didaktiker und ihrer Moden geschlagen, sie müssen auch am Gängelband der Ministerialbürokratie operieren, die ihnen ganz brutale Lehrpläne und Lernziele vorschreibt. Vielleicht ist der Beamtenstatus daran schuld, daß der Lehrkörper, wie

course pure nonsense. More likely the opposite is true. The concept of the infinitely large and of the infinitely small, for example, is intuitively accessible at once to any 9- or 10-year-old. Many children are distinctly fascinated by their discovery of zero. Surely one can explain the concept of a limit, and the difference between convergent and divergent sequences is immediately apparent to them. Many children show a lively interest in topological problems. They can even be amused with elementary problems of group theory or the theory of combinations if only one taps into their inborn sense of symmetry, and the like. Most likely, a child's capacity for grasping mathematical ideas naturally exceeds that of the average adult, who, having already been run through the conventional academic mill, has suffered damage in the process that will in all likelihood prove permanent.

It would admittedly be unfair to hold the math teachers alone accountable for this educational debacle. These people, deserving of our pity, are not only defeated by the handicaps pedagogy imposes on them; they are forced to operate at the end of a bureaucratic tether that prescribes quite brutal curricula and scholastic goals. Perhaps their civil service status is to blame for the inclination of teaching staffs toward slavish obedience, so evident in the example of the so-called "Orthographic Reform." A definite timidity hinders many from exploiting the freedom their *de facto* tenure offers them. Nevertheless, it must be said that there **are** teachers who resist the obsolete routines they are saddled with, and who manage to introduce their students to the beauties,

sich am Beispiel der sogenannten Rechtschreibereform zeigen läßt, zum vorauseilenden Gehorsam neigt. Eine gewisse Ängstlichkeit hindert viele daran, den Freiraum zu nutzen, den faktische Unkündbarkeit ihnen eröffnet. Es gibt jedoch Lehrer, die sich den obsoleten Routinen, die man ihnen zumutet, widersetzen und die es fertigbringen, ihre Schüler mit den Schönheiten, Reichtümern und Herausforderungen der Mathematik bekannt zu machen. Ihre Erfolge sprechen für sich.

Auch außerhalb des Bidlungssystems gibt es vereinzelte Symptome, die hoffen lassen, daß der Tiefpunkt der mathematischen Ignoranz erreicht und vielleicht sogar durchschritten ist. Zunächst scheint sich an der Haltung der Wissenschaftler einiges zu ändern. Die heutige Generation von Mathematikern entspricht weniger denn je dem Klischeebild des introvertierten, weltabgewandten Eigenbrötlers. Das gilt vor allem für die angelsächsische Welt. Nicht nur naheliegende äußere Motive wie der Kampf um Forschungsmittel sprechen für einen solchen Mentalitätswandel. Er hat vor allem innermathematische Gründe. Die sogenannte Grundlagenkrise der ersten Jahrhunderthälfte mag dazu beigetragen haben, daß sich ein weniger rigider Habitus durchzusetzen beginnt. Auch ist der traditionelle Abstand zwischen reiner und angewandter Forschung geschrumpft, seitdem sich Auftraggeber und Nutznießer davon überzeugen ließen, daß sich aus der Grundlagenforschung rascher denn je Gewinne ziehen lassen. Völlig neue Möglichkeiten hat auch die experimentelle, computergestützte Mathematik eröffnet, obwohl deren

the riches, and the challenges of mathematics. Their successes speak for themselves.

Outside the educational system, too, we find scattered encouraging indications that the absolute nadir of mathematical ignorance is perhaps behind us. First, some changes seem to be appearing in the attitudes of the scientists themselves. Today's generation of mathematicians corresponds less than ever to the stereotype of the introverted odd-ball, whose back is turned on the world. This is true particularly in the Anglo-Saxon world. And it is not only the obvious pragmatic motivations such as competition for research funding that bespeak this shift in consciousness. It is grounded first of all within mathematics itself. The so-called Crisis in the Foundations of Mathematics of the first half of the century may have helped bring about the less rigid disposition now in the ascendency. Also, the traditional distance between pure and applied research has shrunk now that both entrepreneurs and investors have realized how profits can be made from basic research faster than ever. Experimental, computer-supported mathematics

Methoden lange unter dem Verdacht mangelnder Stringenz standen. Und was den traditionellen Hochmut der Disziplin betrifft, so habe ich den Eindruck, daß er heutzutage durch einen Anflug von Ironie gebrochen ist. Mehr als früher sind sich die Mathematiker ihrer Fehlbarkeit bewußt; sie sind sich darüber im klaren, daß ihre Kathedrale nie fertiggestellt werden wird und daß es für dieses Werk nicht einmal einen lückenlosen Bauplan geben kann. Viele sind sogar bereit, mit Nichtmathematikern zu reden.

Semantische Annäherungen

Daß dies zu Verständigungsschwierigkeiten führen muß, ist kein Wunder. Es ist ein gutes Zeichen, daß sich in den letzten Jahrzehnten immer mehr Dolmetscher gefunden haben, die darauf spezialisiert sind, die formale Sprache des Faches in natürliche Sprachen zu übersetzen. Das ist ein äußerst heikles, aber auch äußerst lohnendes Unterfangen. Auch auf diesem Gebiet sind angelsächsische Autoren führend. Berühmte Brückenmeister wie Martin Gardner, Keith Devlin, John Conway und Philip Davis haben hier Pionierarbeit geleistet; in Deutschland sind Zeitschriften wie „Spektrum der Wissenschaft" und Publizisten wie Thomas von Randow wichtige Vermittlerdienste zu verdanken. Gelegentlich haben sich sogar die Massenmedien mathematischer Themen bemächtigt, so im Jahre 1976, als Appel und Haken das Vierfarbenproblem lösten, das wahrscheinlich weniger relevant als berüchtigt war. Das Risiko, daß

has opened up entirely new possibilities, even though its methodology has long suffered under suspicion of insufficient rigour. And with respect to the traditional arrogance of the discipline, I have the impression that these days it is undermined by a healthy dose of irony. More than ever, mathematicians are aware of their own fallibility. They know well enough that their cathedral will never be finished and that, for such an edifice, no perfectly faultless blue-print can even exist. Many are even ready to talk to non-mathematicians.

SEMANTIC CONVERGENCES

It is no wonder that this should lead to difficulties in communication. Fortunately, in recent decades there have been greater numbers of interpreters, who specialize in translating the technical jargon of the field into common language. This is an exceptionally delicate, but also an extremely rewarding undertaking. In this area, too, English speaking writers have set the pace. Well-known builders of these metaphorical bridges such as Martin Gardner, Keith Devlin, John Conway, and Philip Davis have done pioneering work; in Germany, journals like *Spectrum der Wissenschaft* and publicists like Thomas von Randow have rendered important service as conduits to the general public. Occasionally, even the mass media has gotten hold of a mathematical story, such as in 1976, when Appel and Haken solved the four color problem, though it was perhaps less important than notorious. Indeed, the risk one runs in such instances of

es dabei zu modischen Verzeichnungen kommt wie im Fall der Chaos- und Katastrophentheorien, muß wohl in Kauf genommen werden. Hier spielen nicht nur semantische Mißverständnisse eine Rolle. Die Sokal-Affäre hat gezeigt, zu welchen Blamagen es führen kann, wenn Dilettanten wissenschaftliche Begriffe ihrem Kauderwelsch einverleiben, ohne zu wissen, wovon sie reden. Auf der anderen Seite ist es ein verheißungsvolles Indiz, daß „Fermats letzter Satz", ein durchaus seriöser wissenschaftlicher Thriller von Simon Singh, zu einem internationalen Bestseller geworden ist.

Es gehört eine gewisse Kühnheit dazu, in einer Kultur, die sich durch ein profundes mathematisches Nichtwissen auszeichnet, derartige Übersetzungsversuche zu unternehmen. Ich kann der Versuchung nicht widerstehen, aus einem Dialog zu zitieren, den Ian Stewart, ein professioneller Mathematiker, der glänzend schreibt, seinem Buch „The Problems of Mathematics" vorangestellt hat. Ein Experte unterhält sich hier mit einem imaginären Laien.

„Der Mathematiker: Es handelt sich um eine der wichtigsten Entdeckungen des letzten Jahrzehnts.

Der Laie: Können Sie mir das in Worten erklären, die für gewöhnliche Sterbliche verständlich sind?

Der Mathematiker: Das geht nicht. Sie können keinen Eindruck davon bekommen, wenn Sie die technischen Details nicht verstehen. Wie soll ich über Mannigfaltigkeiten sprechen, ohne zu erwähnen, daß die Sätze, um die es geht, nur dann funktionieren, wenn diese Mannigfaltigkeiten endlichdimensional, parakom-

44

faddish distortions, as in the case of chaos and catastrophe theories, has to be taken into account. Here, it is not only semantic misunderstanding that plays a role. The Sokal affair has demonstrated how ridiculous things can get when dilettantes mix scientific concepts into their gibberish, without knowing what they are talking about. On the other hand, it is a promising development that *Fermat's Last Theorem*, a thoroughly serious scientific thriller by Simon Singh, has become an international best-seller.

Surely it is an audacious undertaking to attempt to interpret mathematics to a culture distinguished by such profound mathematical ignorance. I can't resist quoting from the dialogue with which Ian Stewart, a professional mathematician and a superb writer, has prefaced his book *The Problems of Mathematics*. A mathematician is chatting with the fictional layman "Seamus Android."

"Mathematician: It's one of the most important discoveries of the last decade!

Android: Can you *explain* it in words ordinary mortals can understand?

Mathematician: Look, buster, if ordinary mortals could understand it, you wouldn't need mathematicians to do the job for you, right? You can't get a feeling for what's going on without understanding the technical details. How can I talk about manifolds without mentioning that the theorems only work if the manifolds are finite-dimensional para-compact Hausdorff with empty boundary?

Android: Lie a bit.

pakt und hausdorffsch sind und wenn sie einen leeren Rand haben?

Der Laie: Dann lügen Sie eben ein bißchen.

Der Mathematiker: Das liegt mir aber nicht.

Der Laie: Warum nicht? Alle andern lügen doch auch.

Der Mathematiker (nahe daran, der Versuchung nachzugeben, aber im Widerstreit mit einer lebenslangen Gewöhnung): Aber ich muß doch bei der Wahrheit bleiben!

Der Laie: Sicher. Aber Sie könnten sie ein bißchen verbiegen, wenn dadurch verständlicher wird, was Sie eigentlich treiben.

Der Mathematiker (skeptisch, aber von seinem eigenen Wagemut beflügelt): Meinetwegen. Es käme auf einen Versuch an."

Es ist der Versuch einer Alphabetisierung, auf den es ankäme: ein langwieriges, aber vielversprechendes Projekt, das im zarten Alter zu beginnen hätte und unseren viel zu trägen Gehirnen ein gewisses Fitneß-Training und ganz ungewohnte Lustgefühle verschaffen könnte.

Mathematician: Oh, but I couldn't do that!

Android: Why not? Everybody *else* does.

Mathematician (tempted, but struggling against a lifetime's conditioning): But I *must* tell the truth!

Android: Sure. But you might be prepared to bend it a little, if it helps people understand what you're doing.

Mathematician (sceptical, but excited at his own daring): Well, I suppose I could give it a *try*."

The effort in question is nothing short of the achievement of mathematical literacy — a protracted but highly auspicious project, which, if it is begun at an early age, will furnish our all too sluggish brains with a kind of athletic work-out and yield to us a variety of pleasure to which we are entirely unaccustomed.

HANS MAGNUS ENZENSBERGER, geboren 1929 in Kaufbeuren zählt zu den renommiertesten Schriftstellern der deutschen Literatur seit 1945. Neben seine Gedichten und Essays, die oft aktuelle Fragen in einem übergreifenden Zusammenhang behandeln, ist besonders die von ihm erstmals 1961 herausgegebene Kinderreim-Sammlung „Allerleirauh" bekannt geworden. Sie findet bis heute große Beachtung. Mit dem „Zahlenteufel" (*Der Zahlenteufel: Ein Kopfkissenbuch für alle, die Angst vor der Mathematik haben*, Carl Hanser Verlag, München 1997) wendet er sich wieder an ein junges Publikum ohne die Welt der erwachsenen Leser zu vernachlässigen.

HANS MAGNUS ENZENSBERGER is a unique intellectual who speaks eloquently and writes with wit and insight on the broadest range of subjects from politics to poetry. Known and respected world-wide, many of Mr. Enzensberger's books have been translated into English, including *The Number Devil: A Mathematical Adventure* (Metropolitan Books, Henry Holt and Company, Inc., New York, 1998), an international bestseller, and his first book for children and other thinking beings.